现代·实用·温馨家居设计

娟 子 编著

中国建筑工业出版社

图书在版编目（CIP）数据

卫生间/娟子编著.—北京：中国建筑工业出版社，2011.12
(现代·实用·温馨家居设计)
ISBN 978-7-112-13774-9

Ⅰ.①卫… Ⅱ.①娟… Ⅲ.①卫生间-室内装修-建筑设计-图集 Ⅳ.①TU767-64

中国版本图书馆CIP数据核字（2011）第231031号

责任编辑：陈小力 李东禧
责任校对：姜小莲 关 健

现代·实用·温馨家居设计
卫生间
娟 子 编著
*
中国建筑工业出版社出版、发行（北京西郊百万庄）
各地新华书店、建筑书店经销
北京嘉泰利德公司制版
北京盛通印刷股份有限公司印刷
*
开本：880×1230毫米 1/16 印张：4¼ 字数：132千字
2012年5月第一版 2012年5月第一次印刷
定价：23.00元
ISBN 978-7-112-13774-9
(21553)

前言

傍晚，完成了一天的工作，迅速逃离喧杂浮华的都市，伴着昏夜回到了宁静的家中。感叹便捷快速的交通，让我们有机会在短暂的时间里穿梭于两种迥然不同的环境。家的清澈能带给我心灵的安慰，因为它不知道承载了多少的记忆，模糊地明白，“家”装着我所谓的花季、雨季，有的喜、有的悲、有的让人啼笑皆非，不能轻易地放下，因此，“家”承载着艰巨的任务。在这个季节，很多时候我宁愿选择在家中休息，而不愿在外面，我想很多朋友也会与我有着相似的选择。可是如何让家居在这个季节更加舒适和惬意呢？这也是《现代・实用・温馨家居设计》为大家解决问题的所在，将室内空间作为一个整体的系统进行规划设计，保证整体空间具有协调舒适的设计感。

生活是很简单的事情，我们不能用一种风格来束缚我们所要的生活方式，也不能完全拷贝某一种风格，因为每种风格都有自己的文化和历史渊源，每一个家庭也都有自己的生活方式、人生态度和理想。只有满足了人在家居生活中的使用功能这个前提下，然后再追求所谓的风格，这是空间设计的基本道理。

本书涵盖家庭装修的客厅餐厅、书房休闲区、玄关过道、卧室、厨房、卫生间空间设计，案例全部选自全国各地资深室内设计师最新设计创意图片，并结合其空间特点进行了点评和解析，旨在为读者提供参考，同时对家居内部空间进行详细的讲解和分析，指出在装饰设计上的风格并给出了造价、装饰材料等。书中还详细讲解和介绍了各种装饰材料、签订装修合同需要注意事项，以及家居装饰验收的技巧等。

目录

卫生间

01 玻璃、镜子和精心的照明设计，使狭长的、有点像过道的浴室不再让人感到压抑。采用了咖啡色的墙砖、地砖。

02 由于设计考虑周到，狭长的卫生间显得更周正、更舒适。淋浴房在空间上巧妙地利用了一侧墙，无论光线是来自头顶还是来自洗浴面盆的装饰墙内，人们的注意力都被集中在房间的正中央，房间因此显得更宽。

03 多花些时间对设计方案进行细致的分析总没有坏处，因为即使是细微的改动，比如加装剃须刀的充电插座或安装换气扇，都可能对最初的整体布局产生不良影响。

04 5m^{2}的卫生间，造价18000元。东鹏洁具，LD墙砖、地砖，奥普吊顶，东方雨虹防水等。

01 浅色的墙砖、地砖让人感受到小卫生间的精致，淋浴区的墙面拼花强化了卫生间的空间感。

02 6m²的卫生间，造价20000元。法恩莎洁具，陶一郎地砖和墙砖，东方雨虹防水，防水石膏板造型吊顶等。

03 采用柱装洗面盆，不仅实用，而且颇具美感，节省地方，卫生间不大的地方一般采用柱盆。

04 这是一间刚性与柔性相结合的卫生间，墙面深浅两种颜色的砖充当淋浴、坐便器的背景墙。

05 卫生间的功能照明——用于剃须、化妆的照明，一般以镜子为中心，并根据需要作必要的调整，以保证亮度。

06 两个洗面盆可以让两个人同时使用卫生间，从而节省大人和孩子宝贵时间。洗手盆上方镶上一面镜子，整洁大方。

07 $12m^2$的卫生间，造价22000元。Toto洁具，LD墙砖、地砖，西美伦吊顶，东方雨虹防水等。

08 卫生间应该尽量考虑采用同种色调或同种材料来装修，因为装饰风格的一致性和整体性有助于营造一种宁静、轻松的感觉。

01 一间井井有条的卫生间，不仅使用起来更方便，而且能让人心情愉快。圆形浴缸与墙砖相结合。

02 几件简单却经过精心挑选的卫浴用品，完全改变了卫生间素雅的装饰风格。

03 13m²的卫生间，造价20000元。美加华洁具，LD墙砖、地砖，防水石膏板造型吊顶，东方雨虹防水等。

04 卫生间洁具种类繁多，如果卫生间的空间过于狭小或形状不规则，最好的解决办法是到洁具店多走走、看看，总有一款能满足你的需要。

05 $4m^2$的卫生间，造价18000元。箭牌洁具，LD墙砖、地砖，东方雨虹防水，TCL铝扣板吊顶等。

06 小规格墙地砖通常可以使空间显得精致有趣并容易营造空间氛围，所以常被用在卫生间等小空间，以增加空间的视觉效果和情趣感。

07 卫生间的墙面材质与拼花效果，非常有特色墙砖的正铺与斜铺显得朴实和自然，材质上的强烈对比，凸显了华贵与自然的特征。

08 根据卫生间的形状，因地制宜设计了一个开放式搁架可以方便地收纳各种物品、沐浴用品，甚至孩子的玩具。

01 墙面的灰色系墙砖效果使空间很雅致，白色的洁具在灰色玫瑰花图案花纹的衬托下显得格外清新自然。

02 卫生间采用加工砖横贴墙面，坐便器背景墙利用原有砖拉槽，旁边灰白腰线打破了整个空间的宁静。

03 4.5m²的卫生间，造价15000元。法恩莎洁具，LD墙砖、地砖、花片，奥普铝扣板吊顶，东方雨虹防水等。

04 灰黑墙面和白色的洁具使空间形成强烈的对比，坐便器背景墙与淋浴背景墙的使用，使空间有扩大感。

05 简约风格的卫生间形式感是其追求的和表现的重点，通常空间界面的处理较为简单，洁具、产品等追求时尚和现代。

06 黑灰色的空间色调使洁具特别醒目，同时使空间具有深沉和神秘感。

07 深色主题的卫生间优雅精致，坐便器背景墙的鲜艳悦目的画作与之形成鲜明的对比，带来一种震撼的效果。

08 $5m^2$的卫生间，造价12000元。金意陶墙砖、地砖，东方雨虹防水，防水石膏板造型吊顶等。

01 色调尽管单一、材料尽管常见，但用不同寻常的方式组合在一起，却让人难以忘怀。台上盆的设计与墙面相结合，显得和谐统一。

02 5m²的卫生间，造价12000元。箭牌洁具，LD墙砖、地砖，东方雨虹防水，西美伦铝扣板吊顶等。

03 用大理石纹理装饰台面、墙面、地面，并不一定意味着冷峻和刚毅。在浴缸和淋浴空间之间是米色石灰岩地板，周围则是玻璃隔墙，配上精心设计的灯光效果，整个空间让人感到无比的轻松和温馨。

04 洁白的卫生间洁具显得干净、亲切和简约，镜面墙的设计让空间在视觉感官上扩大了几倍，同时又为空间增添了情趣感。

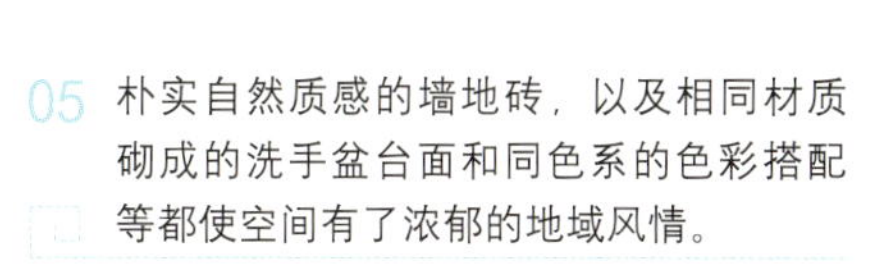

05 朴实自然质感的墙地砖，以及相同材质砌成的洗手盆台面和同色系的色彩搭配等都使空间有了浓郁的地域风情。

06 $6m^2$的卫生间，造价20000元。LD墙砖、地砖，箭牌洁具，东方雨虹防水，轻钢龙骨石膏板造型吊顶等。

07 黑白墙面和白色的洁具使空间形成强烈的对比，用马赛克砌成的浴缸与洗手盆台面连接在一起，节省了空间。

08 整个空间采用仿布纹理的墙砖与白色洁具和白色墙砖相结合，浴缸上的镜面使用，使空间相互映射并在墙面中转换，造成迷幻的视觉效果。

01 墙面通常都是空间的主要表现面，因此卫生间主要是通过借用墙面砖的规格款式、肌理纹样、花色图案、色彩搭配，以及和其他材质的对比搭配等，来表现空间的。

02 台上盆和洗手台面搭配凹凸造型，可以放些小件洗漱用品。

03 $5m^2$的卫生间，造价12000元。金意陶地砖、墙砖，法恩莎洁具，东方雨虹防水，铝扣板造型吊顶等。

04 蓝色调布纹的空间效果，给人以清爽、醒目和理智的心理感受，同时台下盆体现着科技和时尚的现代风格。

05 洁白的管道和坐便器的水箱暗装在墙内或假墙内虽然会占用部分空间，却能让人感觉更清爽、更整洁。

06 卫生间应该尽量考虑使用同色调或同种材料装修，因为装修风格的一致性和整体性有助于营造一种宁静、轻松的氛围。

07 4.5m²的卫生间，造价12000元。伊诺墙砖、地砖，东鹏洁具，东方雨虹防水，轻钢龙骨石膏板造型吊顶等。

08 明亮的暖色调，橘红色的小碎花与冷色光源相对比，会让人感觉墙在后退，空间会因此显得大些。

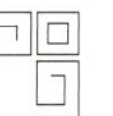

01 充分利用空间，即便是边边角角也不放过，凹进去的台上盆，上、下、中间都可以充分利用起来。

02 选择洁具时不妨从外观入手，相对于都市常见的洁具，带有装饰的陶制或金属洗面盆效果会好得多。

03 4.5m^{2}的卫生间，造价10000元。蒙娜丽莎墙砖、地砖，美加华洁具，东方雨虹防水，防水石膏板造型吊顶等。

04 淋浴背景墙与台下盆用同一种颜色的加工砖，使整个空间大气而统一。

05 选择外形简洁的洁具、龙头、喷头、镜子，将水管隐藏在墙里不仅能使卫生间看上去整洁，同时也更符合现代风格。

06 在卫生间的装修方面，现代风格最突出的一个特点是发展式色彩的大胆运用，而以往卫生间的色彩多局限于自然色调，并常常取决于装修原材料本身的颜色。

07 $4m^2$的卫生间，造价12000元。伊诺墙砖、地砖，东鹏洁具，防水石膏板造型吊顶等。

08 洗手盆占据了整面墙的空间，在白色卡拉拉大理石台面上安装洗面盆，台下柜则由小柜和抽屉组成，由于采用了镀铬支撑脚，整个台面不仅空间感更强，同时避免了造型上的臃肿。

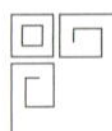

01 常见的浴缸材料包括铸铁、搪瓷缸、亚克力（有机玻璃）、硬脂合成纤维等，铸铁浴缸较重，但表面经过搪瓷处理后经久耐用。

02 3.5m²的卫生间，造价11000元。法恩莎洁具，LD墙砖、地砖，东方雨虹防水，西美伦铝扣板吊顶等。

03 这是一款量身定做的洗手盆，悬挂在墙壁一侧，没有任何支架，外形轻盈，台板有一定的长度，可供两个人同时洗漱。

04 坐便器背景墙营造的空间效果，使空间具有丰富的色彩层次变化和构成感，简洁的坐便器和墙砖、地砖等材质使空间简约而现代。

05 棕色地面和墙面让空间有退缩感和神秘感，淋浴花洒背景墙装饰砖与坐便器背景墙砖相呼应。

06 由于设计考虑周到，原本狭长的卫生间显得周正而舒适，淋浴房在空间上巧妙地利用了一侧的墙壁。

07 $4m^2$的卫生间，造价12000元。法恩莎洁具，LD墙砖、地砖，东方雨虹防水，奥普铝扣板吊顶等。

08 马赛克墙砖通常可以使空间显得精致有趣并容易营造空间氛围，所以常被用在卫生间等小空间以增强空间的视觉效果和情趣感。

01 5m²的卫生间，造价14000元。箭牌洁具，LD墙砖、地砖，东方雨虹防水，轻钢龙骨石膏板造型吊顶等。

02 米黄色的长条墙砖留白色勾缝使其形式感很清新，同时把白色的洁具和竖条黑色墙砖衬托得很突出，体现了空间的人性化。

01

02

03

04

03 洁白的卫生间洁具显得干净、亲切和简约，镜子在视觉感观上扩大了几倍，同时又为空间增添了情趣，地面斜铺的地砖提高了空间的档次。

04 墙地采用两种不同颜色的墙砖和地砖，白色洗手盆和镜子的搭配使空间淳朴、自然。

05 卫生间以棕色和米黄色墙砖粘贴，开放式搁架和下空式洗手盆保证了卫生间地面的整洁，也便于清扫。

06 坐便器背景墙与淋浴背景墙使用了灰棕色墙砖，所形成的厚重感与米黄色的轻盈相得益彰。

07 $9m^2$的卫生间，造价28000元。LD墙砖、地砖，法恩莎洁具，东方雨虹防水，西美伦吊顶等。

08 一般的做法是将淋浴头安装在浴缸上方的墙上，或将龙头安装在浴缸的边沿，这个空间将组合龙头安装在浴缸台上，同时又能保证使用方便。

01 简洁的空间形式，单纯大方，浴缸与坐便器使空间形式形成色彩的深浅对比和材质的软装与硬装对比。

02 $4m^2$的卫生间，造价10000元。LD墙砖、地砖，箭牌卫浴，防水石膏板造型吊顶，东方雨虹防水等。

03 采用米黄色LD墙砖砌筑而成的浴缸裙边，使浴缸有卧入其中的感觉，并且有厚重感，为空间增添了情趣和浪漫的色彩。

04 卫生间洗手盆区域，墙面和地面全部采用米黄系列墙砖、地砖，使空间显得协调有档次。白色的洁具为空间增添了软、硬的对比效果。

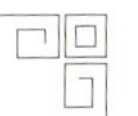

05 地面米黄色地砖斜铺，搭配墙面的自然质感和两种工艺拼法的棕色与米黄色小砖，使空间温暖、亲切、随和而轻松。

06 白色椭圆形的按摩浴缸，在花砖的环境背景下显得特别突出和醒目，体现了主人洗浴的品质。

07 8m²的卫生间，造价24000元。LD墙砖、地砖，法恩莎洁具，防水石膏板造型吊顶，东方雨虹防水等。

08 大花纹的墙砖和花洒背景墙富有质感和自然的气息，长方形凹进去墙体做装饰，使空间特别干净，简洁、自然、凝练和大气。

01 仿皮纹墙砖营造的效果，使空间具有丰富的色彩层次变化和构成感，坐便器、洗手盆和水龙头等金属配件使空间简约而现代。

02 墙面仿皮墙砖、白色浴缸和台上盆，材质上的柔美、自然与高硬度形成对比。

03 浅色和深色墙砖、地砖构成了空间的明显对比效果，黄色有典雅、华丽感，而深色具有稳定、厚重感。

04 $4m^2$的卫生间，造价12000元。LD仿皮纹墙砖、地砖，防水石膏板造型吊顶，东方雨虹防水等。

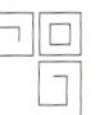

05 米黄色的皮纹墙面砖使空间干净、明亮，配以棕色花砖使空间清新、稳重和大方。

06 褐色与米黄色两种色调给人以纯正、质朴之感，而红色毛巾却有画龙点睛之功效，成为空间的特色亮点。

07 5.5m²的卫生间，造价18000元。科勒洁具，LD墙砖、地砖，东方雨虹防水，防水石膏板造型吊顶等。

08 洗手池的造型中规中矩，灰棕色的墙面更衬托出白色的纯净，体现主人对高尚品质生活的追求。

01 圆润的洗手池、简洁的龙头、前卫的大理石纹理墙面，多种元素的结合，不但毫无突兀感，还带来不同凡响的时尚气息。

02 水与电是一种致命的组合，所以卫生间更要注重功能与安全性。这个卫生间没有裸露的光源，隐藏的光源让简约发挥得淋漓尽致。

03 7m²的卫生间，造价20000元。Toto洁具，LD墙砖、地砖，防水石膏板造型吊顶，东方雨虹防水等。

04 在小空间的卫生间里，坐便器结合菱形墙面砖的铺贴，既方便使用又令空间显得开阔。

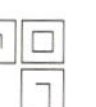

05 淋浴不仅能洁净身体，更能放松精神，白色的浴缸在这灰色的空间里显得格外可爱憨拙。

06 $6m^2$的卫生间，造价16000元。东鹏洁具，金意陶墙砖、地砖，防水石膏板造型吊顶，东方雨虹防水等。

07 淋浴花洒与浴缸结合，既可以淋浴又可以不耽误泡澡的享受，绝对是节省空间的好方法。

08 暖色的加入让浴室顿时活力四射，洋溢着温暖的气息。

01 色调材质统一的洁具和坐便器背景墙让空间富有层次感，令狭小的空间上有了明显扩张的视觉效果。

02 米色的主调让卫生间充满温馨舒适的气息，搭配白色洁具，不仅能扩展视觉空间，而且能营造清新明快的气氛。

03 卫生间理想的位置应该是在住宅的边区，最好是正东与东南方，这个位置通常都是房屋的向阳部分，有助于保持房间的干燥。

04 $6m^2$的卫生间，造价12000元。法恩莎洁具，冠军墙砖、地砖，西美伦铝扣板吊顶，东方雨虹防水等。

05 以一种强烈的黑白相间的色彩对比形式装饰卫生间，使其看起来更富有一种韵律。

06 白色为主色调，视觉上增大了空间感，细节的处理很微妙，坐便器背景墙只简单的几片花砖就让这原本洁净的空间调皮起来。

07 4m²的卫生间，造价10000元。东鹏洁具，欧神诺墙砖、地砖，轻钢龙骨石膏板造型吊顶，东方雨虹防水等。

08 足够大的浴室让多种洗浴变成可能，淋浴或盆浴就看你的心情了。

01 卫生间呈现出来的轻松、朴实无华的氛围适合放松全身，将烦躁的都市生活调理得平和起来。

02 每天的梳洗工作都在这里进行，要善待自己就得花点心思在这区域，洗手池无疑成了洗浴室的亮点。

03 5m²的卫生间，造价12000元。美加华洁具，蒙娜丽莎墙砖、地砖，奥普吊顶东方雨虹防水等。

04 卫生间已不是简单解决生理问题的地方了，多变的材质、多样的造型让卫生间的每个角落更具美感、更具人性化。

05 纯白色的洁具置于黑白调的环境中，卓尔不群的生活品质自然流露。

06 复古的墙砖地砖、复古的镜面，在耐人寻味的灰色调里优雅地展现出简约的复古风格。

07 $4m^2$的卫生间，造价11000元。东鹏洁具，LD墙砖、地砖，轻钢龙骨石膏板造型吊顶，东方雨虹防水等。

08 炫目的洗手盆背景墙，烫金的镜框强调风格上的神似，带出一种奢华的复古风。

01 地面铺贴灰褐色地砖，墙面以白色墙砖为主，大胆而前卫。砌筑的洗面盆，纯朴自然，个性十足。

02 黑色的台下柜与白色的洗面盆及人造石洗面台形成一种鲜明的色彩对比，丰富了黑白生活的内容。

03 $6m^2$的卫生间，造价18000元。Toto洁具，LD墙砖、地砖，奥普铝扣板造型吊顶，东方雨虹防水等。

04 顶面与地面采用桑拿板材质，灰色的墙砖、纯白色的洁具置于灰色调的环境中，显露出卓尔不群的生活品质。

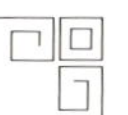

05 爱美的女人喜欢随时随地欣赏自己的美丽，把洗手盆从卫生间分离出来，放在公共区域以满足美颜需求。

06 5m^{2}的卫生间，造价16000元。科勒洁具，防水石膏板造型吊顶，LD墙砖、地砖，东方雨虹防水等。

07 大理石的厚重、暗红木面的沉稳，共同打造出一派高贵典雅的卫浴气质。

08 洗手盆边放上一簇插花，简单的柔情装饰，成就一种浪漫心情。

01 大理石饰面、硅酸钙板吊顶、华丽的壁灯……让卫生间看起来有种酒店的豪华感。

02 温暖的黄色大理石墙面衬以白色洁具、实木的洗面盆柜、玻璃隔断淋浴房，令这小空间惬意万分。

03 4.5m²的卫生间，造价12000元。东鹏洁具，马可波罗地砖、墙砖，防水石膏板造型吊顶，东方雨虹防水等。

04 米黄色为主调，视觉上增大了空间感，细节的处理很微妙，简单的几笔就让这原本洁净的空间活泼起来。

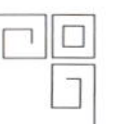

05 洗手台、坐便器、淋浴间是浴室三大件，无论从使用、功能，还是美观上讲，最科学的布置方式应是从低到高设置，即从卫浴门口开始，逐步深入。

06 浴缸上方的吊灯，让冰凉的地砖与脚之间感到有了温暖的阻隔，让人的视觉和触觉都有了温馨的感觉。

07 5.5m²的卫生间，造价20000元。Toto洁具，冠军墙砖、地砖，奥普铝扣板造型吊顶，东方雨虹防水等。

08 整体风格简约成熟，任何其他的点缀都会徒生多余。

01 墙面以白色瓷砖为主，搭配米黄色格子条纹瓷砖。地面选用米黄色地砖斜铺，与白色浴缸相呼应，整体空间在视觉上得到扩展。

02 4m²的卫生间，造价12000元。美加华洁具，东鹏墙砖、地砖，防水石膏板造型吊顶，东方雨虹防水等。

03 卫生间采用简约的设计手法，装饰材料和配置都没有多余的线条，简洁、明快，让生活也变得简单纯粹。

04 温暖的素色花纹一扫寒冷与沉闷，适合采光不好且空间狭小的卫生间。

05 卫生间朴实无华的轻松氛围让人身心放松，将快节奏都市生活带来的烦躁调理得平和起来。

06 12m²的卫生间，造价25000元。Toto洁具，马可波罗地砖、墙砖，轻钢龙骨石膏板造型吊顶，东方雨虹防水等。

07 田园风格最大的特点就是碎花，碎花壁纸、墙砖衬显出隽永的休闲感觉，让人充分感受到田园生活的浪漫与自然。

08 造型简单而又实用的洗面盆，没有一丝过时的感觉，相反给人充满亲和力的印象。

01 大面积的浴室让多种洗浴变成可能，主人可随心所欲地选择。

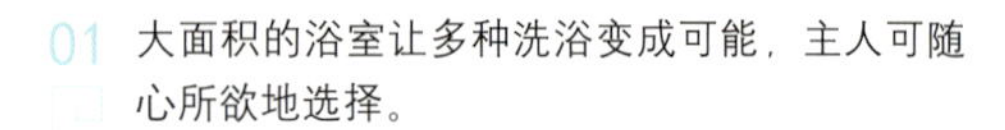

02 蕾丝窗帘，在空间延伸出微妙的变化，产生不断的循环律动，成为浴室最天然的装饰。

03 绿色植物富有生命力，与大理石搭配，很好地诠释了清新浪漫。整个空间让人充满活力，爽由心生。

04 4.5m²的卫生间，造价12000元。箭牌卫浴，马可波罗墙砖、地砖，轻钢龙骨石膏板吊顶，东方雨虹防水等。

05 蓝色纯净、自然，装饰画带来曼妙的田园气息，偶尔的一瞥，就能感受到清爽宜人。

06 内敛深沉的木质创造出稳重静谧的气息，搭配乳白色的洗手池，形成自然灵性的浴室空间。

07 5m²的卫生间，造价18000元。科勒洁具，马可波罗墙砖、地砖，TCL铝扣板吊顶，东方雨虹防水等。

08 龙头、洗手池等地方的细微处理，直线与曲线的完美结合，细节上处处体现着主人对高品质生活的重视。

01 镜子的局部照明选用暖色调的壁灯，这样就会提供一个更好的面部均匀照明，消除黑暗和阴影。

02 咖啡色的墙面砖与白色的勾缝显得层次分明，看似简单的菱形铺贴却蕴含了丰富的时尚语言，洁具均采用简洁精致的造型，让空间显得更加利落。

03 造型简约欧式的面盆让空间增容，低位设计的坐便器让人体更为放松，也充分考虑了孩子的使用问题，落地窗户让光线和空气得以自由流通。

04 $8m^2$的卫生间，造价18000元。Toto洁具，马可波罗墙砖、地砖，防水墙漆，防水石膏板造型吊顶。

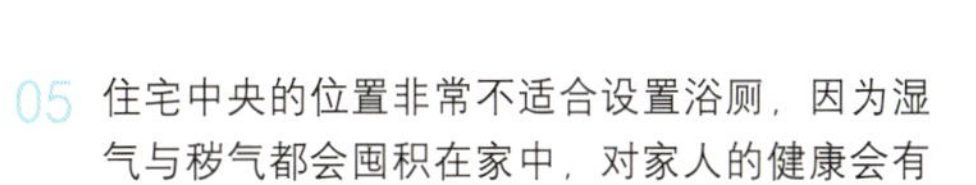

05 住宅中央的位置非常不适合设置浴厕，因为湿气与秽气都会囤积在家中，对家人的健康会有不良影响。

06 利用墙体的转角处，设计浴缸是最合适不过的地方。黄色与米黄色小砖与大尺寸的仿古地砖相互拼接，在视觉上形成整体与部分的组合，营造出空间错落的层次感。

07 $5m^2$的卫生间，造价18000元。马可波罗墙砖、地砖，箭牌卫浴，防水石膏板造型吊顶，东方雨虹防水等。

08 卫生间在铺贴瓷砖前，墙面需要作防水处理，若采用先贴墙砖后贴地砖的方式，在铺地砖前需要作一次闭水试验，最好地面重新作防水。

01 咖啡色的色彩明快的马赛克打破了卫生间传统色调，使空间变得灵动起来。

02 经过防潮处理的木质材料在卫生间得以充分利用，天然的疤节和木纹给沐浴间增添了清新自然的气息。

03 4m^{2}的卫生间，造价18000元。马可波罗地砖、墙砖，东鹏洁具，防水石膏板造型吊顶，东方雨虹防水等。

04 米黄色的墙砖成为空间的视觉重点，壁挂式木质台上盆便于摆放物品和地面的清洁，透明玻璃的隔断保证了干湿分区和卫生间的自然采光。

05 素色的墙面把卫生间布置得充满干净清爽的感觉，洁具采用简洁精致的造型，让空间显得非常利落。

06 $5m^2$的卫生间，造价15000元。马可波罗地砖、墙砖，科勒洁具，奥普铝扣板吊顶，东方雨虹防水等。

07 具有精致花纹的腰线不仅让空间层次更为分明，且为白色系的卫生间增色不少，浴室柜和浴缸让卫生间显得更为清爽。

08 卫生间墙面采用白色墙砖，中间一条腰线，下半部分和地砖是咖啡色砖，使整个空间有了层次感。

05

07

06

08

01

02

04

01 深浅相间铺设的墙砖和地砖给布置简洁的卫生间增色不少。两扇开窗如同镜框一般，将室外风景引入室内。

02 6m²的卫生间，造价18000元。马可波罗地砖、墙砖，toto洁具，防水石膏板造型吊顶，东方雨虹防水等。

03 卫生间通风很重要，应尽量选择有窗户的卫生间，无论是洗浴中还是出浴后，都应让空气流动以保证人的呼吸顺畅。

04 无论是独立还是台式的洗脸池，池面和台面离地高度都要在80～85cm，因为太矮了长久使用会使人腰痛。

03

05 橘黄色花纹腰线让空间更有层次和质感，坐便器设计有效利用了墙角空间，砌筑的洗面盆同样采用了花纹铺贴表面，使整个空间和谐统一。

06 双人面盆可以让男女主人同时使用卫生间，台面下方很容易清扫，墙面橘黄色的花纹图案与洗面盆上的图案相同，视觉上充满了温馨感。

07 6.5m^{2}的卫生间，造价20000元。科勒洁具，马可波罗墙砖、地砖，防水石膏板造型吊顶，东方雨虹防水等。

08 卫生间的布局错落有致，坐便器背景墙令空间更加开阔明亮，壁挂式洗脸盆在空间里起到了很好的装饰效果。

05

06

07

08

01 淋浴间与按摩浴缸分别布置在两个墙角处，充分利用了有限的空间。不同铺贴方式与色彩的瓷砖让视觉效果非常丰富，营造出强烈的空间感。

02 $4m^2$的卫生间，造价12000元。美加华洁具，马可波罗墙砖、地砖，防水石膏板造型吊顶，东方雨虹防水等。

03 白色的浴缸搭配花纹墙砖、白色的洗脸盆搭配红色墙砖，是格调和谐、个性化的时尚卫浴主张。

04 一款高档的淋浴龙头提高了卫浴空间里的科技含量。

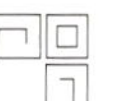

05 整体设计简洁大方，方形的浴缸、洗脸盆充分利用了空间。

06 墙上简单的装饰花砖，让整个空间洋溢着亲切自然的感觉。

07 $4.5m^2$的卫生间，造价13000元。东鹏洁具，马可波罗墙砖、地砖，防水石膏板造型吊顶，东方雨虹防水等。

08 玻璃分隔了坐便器和淋浴两个区间，质感清晰的墙面装饰体现了厚重与沉稳。

01

01 白色点缀的马赛克应用在洗脸盆的背景墙上，丰富了空间的视觉效果，搭配白色的洁具，让大面积的咖啡色不会显得过于压抑。

02 两种色彩和规格的马赛克被设计师巧妙地运用在空间的装饰上，层次感油然而生。

03 雕饰精美的镜框、金色的水龙头，以及实木浴柜上铜质拉手互相呼应，体现主人不俗的生活情调。

04 茶镜倒角装饰的背景墙在灯光的映衬下显露出华贵的气质，也让空间增容不少，黑金沙纹理的墙砖和地砖，通过强烈的色彩对比使卫生间充满活力。

02

03

04

05 墙上的大理石纹理不仅丰富了空间的层次感，并且传递着洁净与浪漫的感受，黑色大理石纹理台面与白色面盆显得极为精炼。

06 $8m^2$的卫生间，造价20000元。马可波罗墙砖、地砖，Toto洁具，防水石膏板造型吊顶，车边镜，东方雨虹防水等。

07 无论洁具、浴柜还是地面、墙面或顶棚，都经过了精心修饰，洋溢着高档华贵的风格，体现了主人追求高品质的生活方式。

08 浴缸、坐便器、梳妆镜等在造型上通过与圆的对比诠释着天圆地方。

01 浴缸与淋浴结合，是小面积卫生间的理想选择。白色的洁具还可以平衡大面积质感，斑驳的仿古瓷砖的凝重感，有轻有重的搭配才能体现和谐统一之道。

02 利用墙面转角的设计，构思非常巧妙，充分利用了有限的空间。在淋浴房和浴缸中充分享受着窗外的阳光，让沐浴变得更加惬意。

03 两种不同色彩的墙砖和地砖在地面花纹的衔接下实现了自然过渡，雕饰精美的镜框点亮了这个低调、优雅的空间。

04 浅咖啡色网纹大理石的墙面与台上洗脸盆的结合显得稳重大方，装饰强调了仿古气质。

05 卫生间采用大理石纹理斜铺墙面做装饰，提升了高档的品质。

06 实木浴室柜与浴缸台基上铺设的大理石纹理相呼应，淋浴喷头安装在浴缸一侧的墙面上，在不大的空间里实现两种沐浴方式的结合。

07 8m^{2}的卫生间，造价22000元。美加华洁具，马可波罗墙砖、地砖，轻钢龙骨石膏板造型吊顶，东方雨虹防水等。

08 整体淋浴的应用让卫生间看起来井然有序，沐浴柜的台面可以摆放各种沐浴用品和装饰绿植。

01 8.5m²的卫生间，造价25000元。Toto洁具，马可波罗墙砖、地砖，防水石膏板造型吊顶，东方雨虹防水等。

02 6平方米的卫生间造价50000元，欧神诺地转墙砖，美标洁具，防水石膏板造型吊顶，美加华花洒等。

03 深浅相间铺设的墙砖和地砖给布置简洁的卫生间增色不少，两面玻璃镜仿佛两扇窗户一般，将风景引入室内。

04 黑白两色打造的卫生间具有强烈的视觉冲击力，白色浴缸在黑色地砖的台基上显得格外清新。

05 $4m^2$的卫生间，造价15000元，东鹏墙砖、地砖，奥普铝扣板吊顶，防水石膏板造型吊顶等。

06 浴缸边的窗台上放上香槟，自斟自饮，看着窗外的美景，慢慢享受亲水的乐趣。

07 以一种强烈的黑白相间的色彩对比形式装饰卫生间，使其看起来更富有一种韵律。

08 黑色墙砖与白色洁具形成视觉反差，尽显前卫时尚，绿色盆景点缀得恰到好处，营造出明媚、浪漫的氛围。

01 $5m^2$的卫生间，造价16000元。马可波罗墙砖、地砖，奥普铝扣板吊顶，防水石膏板造型吊顶等。

02 圆弧形的浴缸化解了墙角空间的冷硬感，黑色坐便器背景墙与镜子呼应，让卫生间更具空间层次感，洗脸盆的直线条造型塑造出现代简洁的视觉效果。

03 局部的茶镜铺贴打破了素色的单调，活跃了空间的表情。

04 卫生间的布局错落有致，台基上砌筑的浴缸采用中式花格铺贴，不同铺贴方式与色彩的瓷砖让视觉效果非常丰富，营造出强烈的空间感。

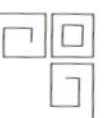

05 在空间的角落做个台面，放置浴巾、洗面奶、牙刷、牙杯等琐碎之物，这样就不会凌乱。

06 想小空间有大作为，提高卫生间空间利用率，就应设计合理。摆放得当的洁具，藏起凌乱的管线，这样才能既实用又取得良好的视觉效果。

07 5m^2的卫生间，造价16000元。马可波罗墙砖、地砖，奥普铝扣板吊顶，防水石膏板造型吊顶等。

08 整体设计简洁大方，扇形的淋浴房充分利用了空间。

01 卫生间让干湿区间更加分明，灯笼、洗脸盆采用中式元素，搭配仿古砖，弥漫着古典传统的清淡高雅。

02 暖色的加入让卫生间活力四射，洋溢着温暖的气息。

03 $4m^2$的卫生间，造价12000元。东鹏洁具，东鹏墙砖、地砖，奥普铝扣板吊顶，防水石膏板造型吊顶等。

04 洗脸盆与按摩浴缸分别布置在两个墙角处，充分利用了有限的空间。不同铺贴方式与色彩的瓷砖让视觉效果非常丰富，营造出强烈的空间感。

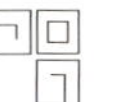

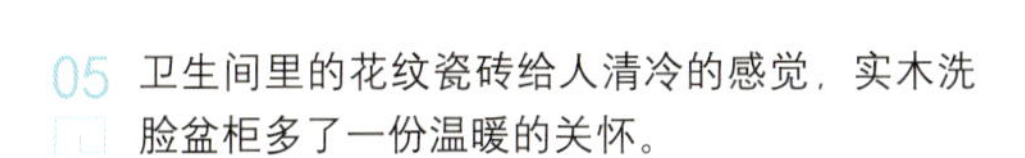

05 卫生间里的花纹瓷砖给人清冷的感觉，实木洗脸盆柜多了一份温暖的关怀。

06 墙面采用蜘蛛墙面砖，正铺与斜铺相结合，不大的卫生间通过玻璃隔断实现了单独的淋浴间，使空间利用率更高。

07 墙面上的仿古砖通过花边腰线实现了自然过渡，营造出低调复古的风情。选择防潮耐湿的绿色植物放在洗脸台上，能给人带来一天的好心情。

08 无论是灯饰还是卫浴三件套，无论是龙头还是装饰品，通过主人的精心挑选搭配，都流露出古罗马时期的复古风格。

01 $5m^2$的卫生间，造价15000元。箭牌洁具，东鹏墙砖、地砖，奥普铝扣板吊顶，防水石膏板造型吊顶等。

02 咖啡色纹理的墙砖和地砖，打破了卫生间的传统色调，使空间变得灵动，白色为主的洁具凸显洁净感。

03 圆润的浴缸、简洁的龙头、咖啡色马赛克与白色的洁具，多种元素的结合带来不同凡响的时尚气息。

04 设计师运用黑色调大理石台面打造出一个简洁大方的洗面盆台面，采用玻璃砖隔断把坐便器和洗脸盆划分为两个空间。

05 欧式镶边铜镜与吊灯完美组合，即使是在这样的空间内，你也可以体验到异域的生活情调。

06 多一点心思巧手布置，一个称心如意、让你随时调节情绪的好地方即刻展现在眼前。原木材质在洗手台和梳妆镜上的运用，带来大自然的神奇魔力。

07 宽阔大气的洗手台给生活带来便利，即使两个人同时使用也不显空间局促。

08 通过不同色彩的马赛克大面积铺贴，再用镜面营造出虚虚实实的效果，空间精彩纷呈。

01 卫生间不再局限于单纯的功能性，更升华为情绪转换的场所，米黄色与蓝色的基调，搭配微暗的柔和灯光，可让人在此心绪沉淀。

02 为了展现出空间的奢华感，此处不但将洗手台的平台和浴缸连接，还利用空间延伸的视觉效果，搭配绿色大理石，让空间展现出奢华、沉稳又舒适的质感。

01

02

03

04

05

03 卫生间将低调朴实的灰色墙砖和地砖作为主色调，让使用者在此获得自然的放松。

04 想拥有良好的生活品质，就该从每一个小细节开始逐步经营，而让人洗褪一身疲惫的卫生间更是美好生活的一大重点。

05 卫生间可以运用玻璃隔断，使之更有空间感，优雅的大理石洗手台面，加上一盏吸顶灯，使整个空间亮起来。

06 为了呈现出卫生间的宽敞度，特别使用了大量玻璃以强调空间的穿透性，在瓷砖与建材的色系上，也以浅色系为主。

07 在同一空间里有趣地划分出黑白区域，似乎也为不同的功能预作铺陈，洗面盆运用轻质感的素材与色泽，打造出纯粹净白的清新气氛。

07

06

08 此空间以极简且富现代性的概念设计，不论是色彩或材质都以最低限的方式呈现，过道与虚体空间也都在无形中被统合，玻璃隔断带来视觉通透感，衬托空间的轻盈与极简印象。

09 在卫生间中利用镜子的反射不但可让空间放大，也配合了整体空间风格，展现出晶莹剔透的效果以及视觉的穿透感。

08

09

01 卫生间地面采用黑色带纹理大理石，搭配镜墙，营造空间的景深，让空间产生虚实辉映的效果，进而提升空间的个性与品位。

02 卫生间墙面被充分利用进行收纳，米黄色仿古砖斜铺地面，也为卫生间恰到好处地增添了气氛。

01

02

03 白云石洗手盆台面与浴室墙壁相呼应，石材质令卫生间富有自然气质。

04 $5m^2$的卫生间，造价15000元。箭牌洁具，东鹏墙砖、地砖，奥普铝扣板吊顶，防水石膏板造型吊顶等。

03

04

05 在白净的空间中，一抹绿色植物最是惹眼，浴室的格调也在不知不觉中提升。

06 以深色的立体墙面砖表现卫生间的强烈个性，其与白色洗脸盆的结合，创造出既时尚又放松的低调风情。

07 卫生间采用灰砖与灰色马赛克巧妙搭配，让原本隐秘的卫生间空间顿时展露时尚大气。

08 $6m^2$的卫生间，造价18000元，箭牌洁具，东鹏墙砖、地砖，奥普铝扣板吊顶，防水石膏板造型吊顶等。

01 卫生间利用瓷砖打造不凡的空间品位，淋浴区与坐便器区各以不同的块面色彩呈现界定单元空间的功能属性。

02 为了营造出休闲的居家风格，墙面及地面采用朴实自然的板岩砖，营造粗犷的风格，灰冷中性色调的石材质感，使空间有了与大自然相近的单纯感。

03 角落型淋浴间的设计能够有效节省空间，也可满足干湿分区的使用要求。卫生间墙面装饰以灰底色马赛克瓷砖，为空间增添了几分低调的奢华感。

04 不规则的墙面却围合出一个极为私密的空间。

家有双卫巧安排

随着生活质量的提高，人们的住房环境也越来越好，许多家庭都拥有了两个卫生间。这两个卫生间一般是这样分布的：一个在客厅旁，另一个在面积最大的卧室旁。客厅旁的卫生间是供房间中所有人使用的，来访的客人也可使用这个卫生间；卧室旁的卫生间只供家里人使用。因此，人们通常也把这两个卫生间称为“客卫”和“主卫”。由于功能不同，在设计、布置和洁具选择上，这两个卫生间也有相当大的差别。

1.设计

在客卫的设计中，应重视与整套住宅的装修风格相协调，着重体现户主的个性。而在主卫的设计中，则要着重体现家庭的温馨感觉，重视私密性。如果您家不会有客人在家中长住，在客卫中可以不必装置沐浴设备。但如若您是个好客的主人，常会有朋友在家中过夜，最好还是在客卫安装一套沐浴设备。

2.布置

在客卫的布置中，要体现干净利落的风格，所以一般选用设计明快、简洁的卫浴产品，可以适合大部分人的品位。空间中不要放太多杂物，可选用一些冷色调的物品或放置一些鲜花。而在主卫的布置中，可以繁复一些，多放置一些具有家庭特色的个人卫生用品和装饰品。在装修上可以根据个人喜好使用较为前卫的配色或花纹，以展现个人品位和个性。

3.洁具选择

洁具选择方面客卫与主卫的不同主要体现在沐浴设备上。为了卫生起见，客卫的沐浴设备通常选用淋浴房。细心的您还可以选择时下流行的具有多种出水方式的花洒，这样既可以解除朋友远道而来的疲劳，又可以体现您对朋友的重视与关心。主卫的沐浴设备则可根据主人的爱好选择浴缸或淋浴房。通常比较注重享受的主人可以给自己选用按摩浴缸或是桑拿浴房，在工作之余放松自己。如果您拥有一个幸福的三口之家，还有为孩子特别设计的具有卡通造型的花洒和升降式的淋浴板。

洁具应该由谁来安装

你家的洁具是由谁安装的？大多数人的回答可能是由装饰公司的施工队。而洁具和空调一样，出厂后只是半成品，只有正确安装才能正常使用。大多数的空调厂家和经销商都会提供安装服务，而洁具厂家中却只有少数在这样做，大部分的洁具安装都是由装饰公司的施工队进行的。洁具产品的技术不断提高，新的功能不断出现，装饰公司的施工人员能否胜任？洁具厂家为什么不能卖产品的同时也提供安装服务呢？

1.大多数洁具厂家不提供安装

目前市场上大多数洁具厂家只卖产品不提供安装，一些洁具的生产者认为，“这是自打有洁具那一天开始就有的惯例”。大概是洁具的安装都很简单，一般的水暖工都能应付。还有厂家说，配备一支安装队要增加很高的费用，又会找麻烦，不妨推给装饰公司。

2.少数提供安装的厂家要收费

现在已有一些洁具品牌打破常规开始推出卖洁具的同时负责安装业务，但是安装要收费。收费标准大体相同：坐便器一个150元，面盆100~150元，龙头50元。

据吉事多的销售人员介绍，他们推出了坐便器免费安装，买了坐便器的客户，其他项目的消费全部免费安装。而一些安装技术要求较高，容易出问题的产品，如浴室柜、淋浴房、玻璃台面及面盆等一直是免费安装。

一般有一定规模的装饰公司洁具的安装要单收费，一套200~300元不等，包括坐便器、面盆和龙头。不太知名的小公司不单收费，业内人士说，一般是摊在其他项目的收费中了。

3.洁具安装不当引起诸多后患

洁具安装不当带来诸多后患。吉事多洁具的销售人员介绍，据他们所作的统计，由他们提供安装的故障率占5%，而其余95%则发生在顾客自己安装和由施工队来做的那部分。

国内的中高档洁具大部分来自不同国家的合资或进口品牌，由于原产国的设计与标准不同，从而各厂家的标准、规格、尺寸、安装方法不尽统一，因此，不是厂家的专业安装人员就很难掌握产品的特性，如果由一般装修工人来安装，往往难以保证安装质量。卫浴产品出厂时只相当于半成品，安装质量对产品使用效果和寿命有非常大的影响，只有正确安装才能确保正常使用。非厂家专业人员安装时可能会使产品划伤、损坏，甚至可能在安装后用户使用一段时间出现松动、胀裂、脱扣、渗水漏水的现象，到时不仅难以判定责任，严重的还可能使用户财产蒙受损失。

4.无论由谁安装，是否经过专业培训是关键

某装饰公司的负责人表示，目前陆续有一些洁具厂家开始配备自己的安装队，还有的厂家推出免费安装的服务，这说明洁具厂家已经意识到安装的重要性，并从这方面加强服务。但是否会出现“萝卜快了不洗泥”的现象呢？就是说，大家都迎合这一趋势，都说免费安装，但他们组织的安装队是否经过严格的技术培训就难说了，这就和一般装饰公司的工人没什么两样了。洁具安装无论由谁来做，都应重视培训的重要性。

业内人士认为，洁具厂家提供安装将逐渐成为趋势，并且会逐渐取消收费。而受过专业培训的洁具安装队伍也将会面对很大的商业空间。目前消费者在购买洁具的时候，别忘了问一问厂家能否提供安装服务，是否收费。

选择洁具　要视不同需求而定

1.进口品牌价高有原因

据业内人士介绍，进口品牌多为一些发达国家制造。由于发达国家消费水平高，相应的劳务费用、原料价格都和国内不是一个档次，而且由于制作精美，使用的生产仪器也比较精密，相应的技术含量较高。还有就是国外品牌多为名师个性化设计，设计费用也要分担到每一件商品中。再加上其完善的售后服务系统、过硬的质量，以及固有的品牌价值和关税等原因，使得进口品牌的成本要比国产品牌高出一大截。经过代理商的转手，其价格往往高出国产品牌数倍甚至数十倍。那么消费者为一个进口花洒就要付出上千元到底值不值呢?

据德国汉斯格雅洁具的经销商介绍，许多国产品牌虽然看上去与进口品牌差别不大，但技术含量却差得很远。单就除垢针这一功能来说，进口品牌一般配有一千个以上的塑料小件，需要一千万美元以上的设备投资。其产品吐水均匀有序、劲道十足，消费者数年之内都不必为塞孔担心。而且进口品牌更注重人性化的设计，让消费者在使用时感觉更舒适，从而在生活细节上提升人们的生活质量，而这却恰恰是国产品牌所缺乏的。如我们常用的水龙头，进口品牌一般采用斜面出水，使水流直接喷到水池中间位置，与人洗手时的角度十分吻合。再如抽水马桶的设计，进口品牌往往采取直排冲水方式，水从马桶四周同时出水，因此水的冲力极大，可以迅速地将污物冲掉，而不会像国产品牌那样冲水时污物泡在马桶中，然后再一点点地冲干净。

另外，进口品牌售后服务要比一般的国产品牌完备，一般是五年内免费维修和更换，而且是销售商上门服务，而国产品牌的保修期限只有两三个月，最多的达到两三年。

2.选择洁具 要视不同需求而定

可以说，进口品牌和国产品牌各有各的优势。进口品牌质量好，设计上对人体贴周到，售后服务完善。而国产品牌的特有优势就是价格便宜。

如果要说到底是买进口的好还是国产的好，这其实是个仁者见仁、智者见智的问题。虽然进口品牌号称自己的使用寿命可以达到几十年甚至一辈子，而国产品牌可能只能用五年，但有的消费者却算了这样一笔账：我三五年就换一个新的用，加起来的钱也比买进口的便宜呢，即使搬家也不用再拆走。要是花很多钱买进口的，到搬家时肯定不舍得扔，还得费力气拆，多麻烦。而目前国产品牌仿制进口品牌的样式，有时能达到以假乱真的地步。有些家庭购买国产的仿进口洁具，既不失体面，又少花了钱，而且国产品牌相对更适合当今中国家庭的实际情况。例如，国产坐便器一般为300~400mm墙距，比较符合目前国内大多数户型的设计。而进口品牌一般为200mm墙距。所以，一般情况下，若是选用进口品牌，就不得不对整个下水管道系统进行改造，也是一个不小的工程。

但是对于中高档消费水准的消费者来说，选择进口品牌其实不仅是只考虑到它的使用寿命，更主要的是看中了进口品牌在设计上对使用者的关怀，它可以让人们的生活质量有一个较高的提升，而并不仅仅是一个面子的问题。一位购买了某一进口品牌的消费者说，进口洁具的好处只有在你使用过了之后才能体会出来。在家用惯了进口花洒洗澡后，再到外边洗澡都不适应，觉得不舒服。另外，这部分消费者选择进口品牌的另一原因就是设计新颖，无论是颜色还是款式可以适应各种个性化装修的需要。

卫生间中存在的问题

现代卫生间追求的目标是实用、经济、舒适、高雅，而又要卫生洁具齐全、布置合理、装修雅致而明快。现在有些卫生间空间虽小但卫生洁具、设备管线，以及清洁化妆物品众多，因而必须充分重视卫生间的设计。目前卫生间设计存在的问题主要反映在以下几个方面：

1.布置不当和使用不当经常产生两种偏向：一是为了紧缩面积，压低造价，把卫生间空间不合理地减小；二是认为提高档次就要加大卫生间面积，如A是三件器具常规布置形式，由于坐便器夹于化妆台与浴盆之间仅有600mm，空间过分窄小，影响使用。B的坐便器靠门布置，且与化妆台相互干扰。C的坐便器设在浴盆与洗面器之间，影响管线布置。D的坐便器与净身器分开布置，不符合使用程序。

2.噪声干扰、影响休息。卫生间内噪声源来自多方面。来自冲便水声，应选用冲洗噪声小的虹吸式坐便器，在各类坐便器中，连体旋涡虹吸式坐便器冲洗噪声为最低；来自通风器声，应选用运转时噪声小的通风器，同时还要注意安装牢固，减小颤动噪声；来自管道井传声，由于进入管道井处的各种管线接口密封性差，导致上下层卫生间各种声响的传入，因此，应加强管线接口的密封措施。其他如淋浴水声、扯动浴帘声，以及坐便器盖的碰撞声，则可采用隔声效果好的卫生间门来解决。

3.漏水且浪费水资源。卫生间经常发生地面潮湿，甚至积水，其原因在于卫生洁具的五金配件质量欠佳，坡向地面坡度不够或反坡所造成，必须引起重视。

4.井水、下水管井结构不合理。管井内有时管道多达10多种，如果管道井面积小，或未考虑结构梁柱位置，就不能满足安装与维修方便的要求。

致谢

在本套丛书的编辑过程中，我们得到了全国各地室内设计行业中资深设计师的鼎力支持，对于张合、王浩、翟倩、刘月、王海生、张冰、张志强、孙丹、张军毅、梁德明、冯柯、郭艳、云志敏、刘洋等人给予的帮助，借此机会谨向他们表示诚挚的谢意！